식품조각지도사의

수박카빙

정우석 지음

Watermelon carving

백산출판사

Watermelon
Carving

식품조각지도사의 수박카빙

2008년 '전문조리인을 위한 과일 · 야채조각 105가지'란 제목으로 푸드카빙 서적을 처음 출간하였고 2014년 초 'CARVING-식품조각지도사'라는 제목으로 교재를 만들고 민간자격증 등록을 하였습니다. 앞으로도 많은 부분을 수정하고 보완해가야 한다는 것에 사뭇 책임감이 느껴집니다.

이번에 출판하게 된 '식품조각지도사의 수박카빙'은 온전히 수박이란 소재를 이용하여 여러 가지 꽃과 문양을 만드는 과정에 초점을 맞춰 보았습니다. 흔히 처음 푸드카빙을 접하게 되는 이들이 수박이 화려하게 변신하게 되는 모습을 보고 배우기 시작하는 경우가 많습니다. 저자 또한 12년 전에 푸드카빙의 매력에 매료되어 아직도 연구하고 더 멋진 작품을 만들기 위해 노력하고 있습니다.

올해 5월 수박에 아버지와 어머니 이름을 새기고 꽃 조각을 해보았습니다. 유쾌하시던 아버지셨는데 돌아가시기 전에는 거의 웃음이 없으시다가 이 수박카빙과 함께 방송에 나온 동영상을 목사님에게 보여주시며 마지막으로 웃으셨습니다. 그것이 저에게 보여준 마지막 웃음이었고 이 책을 쓰게 된 동기가 되었습니다.

　모든 일에 완벽할 수는 없습니다. 어떤 일이든지 끝내고 나면 약간의 아쉬움이 남아 그 다음에 그런 아쉬움을 조금이라도 더 없애기 위해 노력하며 살아가게 하는 것 같습니다. 제가 만든 수박 카빙 작품도 분명 조금씩 아쉬움을 채워가는 과정이었습니다. 순간순간 더 집중하고 노력해야 아쉬움은 채워진다는 것도 알 수 있었습니다.

　수박카빙을 처음 접하시는 분들, 그리고 약간의 스킬로 자신감이 생기신 분들께서는 조각하기 전 수박카빙 작품의 전체적인 느낌을 머릿속에 입력하는 과정을 거친 후에 조각칼을 들고 작품을 완성하길 바랍니다. 그리고 이 책이 여러 가지 작품을 구상할 때 가이드 역할이 되어 주기를 희망해 봅니다.

　이 책이 나올 수 있게 도움을 주신 아버지, 어머니, 식품조각지도사 자격증이 정착될 수 있도록 많은 부분에 도움을 주신 세계식의연구소 소장이신 대구한의대학교 황수정 교수님과 김경태 연구원, 절삭력이 좋은 멋진 칼을 만들어 주신 울산롯데호텔 디자인 실장 김기철 박사님, 김규민 교수님, 태국칼을 선물해 주신 최광택 회장님, 제 카빙서적을 많은 분들에게 소개해 주신 생활의 달인 도왕 강희제님, 이기희 초밥명인님, 참치왕 양승호님, 식품조각지도사 마스터 김선영, 박경순, 우성희, 박연환, 우연정, 곽순한님, 세계식품조각지도사협회 회원님과 셰프코리아 카빙분과 회원님, 세계푸드카빙연구회 회원님께 깊이 감사를 드립니다. 아울러 멋진 책으로 출판될 수 있도록 도움을 주신 백산출판사 진욱상 사장님과 편집부 직원 여러분께 감사드립니다. 끝으로 사랑하는 가족 은순, 한결, 채현이에게 수박카빙을 할 수 있게 시간을 허락해 주어서 정말 고맙다는 말을 전합니다.

저자　정우석

식품조각지도사의 수박카빙

Contents

식품조각지도사의 수박카빙

Watermelon

• 수박 • 식품조각 도구 사용법 • 식품조각 도구 손질

carving

1 수박(Watermelon)

떡잎식물 박목, 박과의 덩굴성 한해살이풀

(1) 원산지

아프리카 원산으로 고대 이집트 시대부터 재배되었다고 하며, 각지에 분포된 것은 약 500년 전이라고 한다. 한국에는 조선시대《연산군일기》(1507)에 수박의 재배에 대한 기록이 나타난 것으로 보아 그 이전에 들어온 것이 분명하다. 오늘날에는 일반재배는 물론 시설원예를 통한 연중재배가 이루어지고 있으며 우수한 품종은 물론 씨 없는 수박도 생산되고 있다.

(2) 특성과 생산시기

수박의 품종은 여러 가지가 있으나 크게 분류하면 과육의 빛깔에 따라 홍육종, 황육종 등으로 구분되며, 모양에 따라서는 구형, 고구형, 타원형 등으로 구분된다. 또한 과피의 색에 따라 녹색종, 줄무늬종, 농록종, 황색종 등으로 구분되며, 열매의 크기에 따라서는 대형종, 중형종, 소형종, 극소형종 등으로 구분된다. 그 밖에 숙기(熟期)·내병성, 과즙의 당도(糖度), 수송성(輸送性) 등에 따라 구분되기도 한다. 생산시기는 농지에 직접 파종할 시에는 4월에 파종하여 7~8월에 수확하며 하우스수박은 연중 생산이 가능하다.

(3) 저장방법

온도는 4.4~10℃, 습도는 80~85% 정도가 적당하다. 너무 저온이면 색깔과 광택이 나빠지므로 온도를 내리지 말아야 한다.

(4) 식품조각용 수박

수박은 검은 줄무늬, 초록색, 흰색 그리고 속의 붉은색이 선명한 것이 좋은 재료라고 할 수 있다. 그리고 조각(Carving)용으로 선택할 때는 무엇보다 중요하게 생각해야 하는 것이 모양이다. 둥근 형태나 계란형으로 생긴 것이 조각용으로 좋으며 작품을 완성했을 때 보기가 좋다. 또한 대량구매를 해서 작품을 전시하고자 할 때, 식용이 목적이 아니라면 가격이 상대적으로 저렴하고 유통기간이 오래되어서 가격이 낮은 수박을 구매하는 것이 원가 대비 효율 면에서 바른 선택일 것이다.

2 식품조각 도구 사용법

1) 절(切)도법

식재료를 조각하는 사물의 큰 형태를 만들 때 사용하는 방법이며, 위에서 아래로 썰기를 하는 도법이며, 때로는 접착면을 자르기 위해 사용하기도 한다. 이때 접착면은 최대한 평평하게 잘라야 하므로 칼을 잘 갈아 놓는 것이 중요하다.

2) 필(筆)도법

식품조각의 외형을 그려주거나 세밀한 부분을 조각할 때 사용하는 방법이며, 수박 꽃조각을 할 때 가장 많이 사용되는 도법이라 할 수 있다.

3) 각(刻)도법

식품조각을 할 때 가장 많이 사용하는 도법이며 주로 사용하는 조각칼을 재료를 위에서 아래로 자를 때 사용하는 도법이다.

4) 선(旋)도법

야채나 과일 꽃조각 시에 칼로 타원을 그리며 재료를 깎는 도법이다.

5) 착(戳)도법

V형도나 U형도로 재료에 찔러서 활용하거나 두께가 있는 V형도, U형도로 각종 새의 날개, 비늘, 옷주름, 꽃조각, 수박조각의 외형 그리고 형태를 그릴 때 사용되기도 한다.

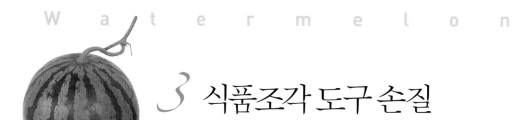

3 식품조각 도구 손질

1) 조각칼-주도(主刀)

칼의 형태를 만들기 위해 1,000#의 숫돌로 갈고 양면을 어느 정도 갈면 6,000# 이상의 숫돌을 사용하여 날을 세워준다.

2) V형도

V형도는 재질이 약하므로 6,000# 이상의 숫돌을 사용하여 간다. 칼날을 수평으로 갈아주고 안쪽 면은 숫돌의 모서리 날이나 삼각줄을 이용하여 날을 세운다.

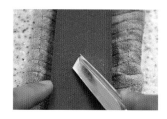

3) U형도

숫돌을 세워서 한쪽은 작은 U형도, 한쪽은 큰 U형도로 갈아준다. U형도로 숫돌에 갈면
쉽게 파이므로 세워서 갈아준다. 안쪽 면은 원형 줄 숫돌로 날을 세운다.

식품조각지도사의 수박카빙

W a t e r m e l o n

• 수박카빙 26가지 샘플

수박카빙의
실기편

carving

수박카빙 1

Watermelon carving

01 준비물

02 원형 몰더를 이용해 봉오리부분을 표시한다.

03 조각도를 이용해 원형의 안쪽을 비스듬히 파낸다.

04 바깥부분을 비스듬히 파낸다.

05 일정한 간격을 표시한다.

06 껍질의 끝부부을 남겨가면서 조각한다.

07 봉오리 안쪽은 반대방향으로 조각한다.

08 껍질을 이용해서 끝부분을 남겨가며 자른다.

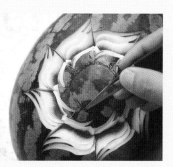

09 안부분을 전체적으로 비스듬히 도려낸다.

수박카빙 1

10 가운데 부분까지 흰부분만 남도록 도려낸다.

11 안부분에 꽃봉오리 모양을 곡선으로 새긴다.

12 가장자리는 안쪽으로 모아지게 사진과 같이 만든다.

13 안부분을 깔끔하게 정리한다.

14 모양낸 바깥부분을 일정한 크기로 도려낸다.

15 작은 몰더를 이용하여 봉오리 모양을 새긴다.

16 곡선을 그려가며 봉오리모양을 만든다.

17 겹쳐지는 부분이 자연스럽게 보이게 만든다.

18 가운데 부분으로 모아지게 중심을 잡아가며 새긴다.

19 봉오리 하나가 새겨진 상태

20 바깥부분은 안쪽부터 먼저 도려
낸다.

21 꽃잎선 끝이 얇게 만들어 나간다.

22 꽃을 만들고 끝부분을 비스
듬히 잘라낸다.

23 V형 조각도를 이용해 껍질부분
을 찍는다.

24 바깥부분을 도려낸다.

25 완성된 상태

수박카빙 2

01 준비물

02 조각칼을 이용해 원형을 그린다.

03 원형의 안쪽과 바깥쪽을 비스듬히 잘라낸다.

04 일정한 간격을 표시한다.

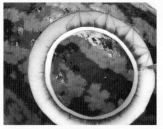

05 꽃잎을 사진과 같이 그린다.

06 껍질부분이 조금 겹쳐지게 그린다.

07 꽃잎의 옆면을 자른다.

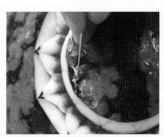

08 안쪽으로 모아지는 꽃봉오리의 잎을 만든다.

09 꽃잎의 옆부분을 자른다.

10 잘라낸 상태

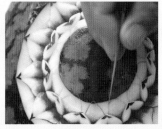

11 흰 껍질부분에 그리고 푸른색 부분을 조금 남아 있게 한다.

12 꽃잎의 옆부분을 잘라낸다.

수박카빙 2

13 붉은색 부분이 보이도록 손질한다.

14 꽃잎을 가운데로 모아지게 하나 더 그린다.

15 V형도를 이용하여 안쪽에 홈을 만든다.

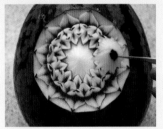

16 꽃잎의 옆부분을 자른다.

17 안쪽은 가운데서부터 곡선으로 이어서 그린다.

18 그려진 옆부분을 비스듬히 자른다.

19 사진과 같이 꽃잎 안쪽을 둥글게 도려낸다.

20 잘라진 부분을 빼낸다.

21 가운데 부분을 뾰족하게 만든다.

22 꽃잎의 밑부분을 자른다.

23 꽃잎 옆부분의 껍질을 벗긴다.

24 표면이 매끈하게 되도록 손질한다.

25 사진과 같이 꽃잎 안에 4개
의 꽃잎을 만든다.

26 돌아가면서 동일하게 꽃잎
을 만든다.

27 꽃잎의 옆부분을 자른다.

28 V형도로 푸른색 부분을
누른다.

29 조각도로 옆부분을 잘라낸
다.

30 일정한 간격으로 둥글게 자
른다.

31 완성된 상태

수박카빙 3

01 준비물

02 조각칼을 이용해서 봉오리 부분만큼 도려낸다.

03 원형 몰더로 봉오리부분을 만든다.

04 안쪽을 바깥쪽과 비스듬히 자른다.

05 꽃잎 하나를 비스듬히 자른 다.

06 돌아가면서 봉오리를 만든다.

07 꽃봉오리가 한 바퀴 만들 어진 상태

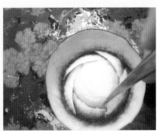

08 안쪽에 겹쳐지지 않게 잎을 만든다.

09 꽃잎을 만들어나간다.

10 봉우리가 만들어진 상태

11 꽃잎의 안쪽을 한 잎 도려 낸다.

12 도려낸 부분을 떼낸다.

수박카빙 3

13 조각칼을 사용하여 꽃잎을 만든다.

14 꽃잎 뒤쪽을 자른다.

15 잘라진 부분을 빼낸다.

16 꽃잎 한쪽이 겹쳐지게 해서 꽃잎을 만든다.

17 꽃잎이 한 바퀴 만들어진 상태

18 꽃잎 사이에 두 번째 열 꽃잎 안쪽을 잘라낸다.

19 두 번째 열 꽃잎을 만든다.

20 꽃이 하나 만들어진 상태

21 봉오리를 만들 수 있게 도려낸다.

22 봉오리를 반 정도 그린다.

23 꽃과 걸쳐지게 봉오리를 만든다.

24 꽃잎을 만든다.

25 조각칼로 둥글게 도려낸다.

26 끝부분에 푸른색이 조금 남 아있게 해서 자른다.

27 3개 정도 만든다.

28 잎의 끝부분을 손질한다.

29 잎 주변을 비스듬히 자른다.

30 잎의 주변에 꽃을 만든다.

31 꽃을 하나씩 만들어나간다.

32 꽃을 만들고 잎의 안쪽도 손질해 준다.

33 잎 사이에 꽃을 만들어 준다.

34 꽃과 잎이 어울리게 만든 다.

35 주변을 푸른색 라인만 남게 잘라낸다.

36 완성된 상태

수박카빙 4

01 조각칼을 이용해 큰 원형을 그린다.

02 안쪽, 바깥쪽을 둥글게 도려낸다.

03 일정한 간격으로 바깥쪽도 도려낸다.

04 원형 주변을 돌아가며 일정한 간격을 표시한다.

05 4의 표시한 안쪽에 사진과 같이 그린다.

06 표시한 안부분을 자르고 빼내기를 반복한다.

07 사진과 같은 형태를 만든다.

08 바깥부분을 자른다.

09 모양낸 부분을 돌아가며 잘라낸 상태

10 사진과 같이 푸른색 껍질 부분을 이용하여 모양을 만든다.

11 V형도를 이용해서 모양을 만든다.

12 꽃잎 사이를 도려낸다.

13 안쪽으로 모아지게 모양을 낸다.

14 그려진 푸른색 부분만 남기고 비스듬히 도려낸다.

15 껍질부분 안쪽을 도려낸다.

16 조각칼을 이용해 흰색부분에 지그재그로 무늬를 넣는다.

17 돌아가면서 도려낸 부분을 제거한다.

18 흰부분에 둥근 형태의 곡선을 그린다.

19 조각칼을 이용해 비스듬히 도려낸다.

20 조각칼을 이용해서 가운데 부분으로 모아지게 무늬를 만든다.

21 조각칼을 눕혀서 비스듬히 자른다.

22 잘라진 부분을 제거한다.

23 같은 방법을 여러 번 반복한다.

24 가운데부분이 완성된 상태

25 원형 바깥부분을 둥글게 도려낸다.

26 사진과 같이 비스듬히 무늬를 만든다.

27 끝부분 마무리가 자연스럽게 되도록 한다.

28 끝부분에 무늬를 넣는다.

29 밑부분을 돌아가며 잘라서 제거한다.

30 **29**의 밑에는 반대쪽으로 모양을 만든다.

31 끝마무리가 되도록 한다.

32 일정한 간격으로 물결무늬를 만든다.

33 물결무늬 밑부분은 곡선으로 만들어 준다.

34 물결무늬의 일부분은 무늬를 넣는다.

35 무늬의 밑부분을 자른다.

36 완성된 상태

수박카빙 5

Watermelon carving

01 수박에 큰 원을 그린다.

02 원의 안쪽과 바깥쪽을 잘라낸다.

03 원에 일정한 간격으로 표시한다.

04 표시한 부분의 안쪽에 사진과 같이 만든다.

05 돌아가면서 일정한 간격으로 꽃 잎무늬를 만든다.

06 꽃잎 사이에 작게 꽃잎을 만든다.

07 안쪽을 비스듬히 도려낸다.

08 흰부분에 곡선의 선을 그리고 옆부분을 비스듬히 도려낸다.

09 흰부분이 새겨진 상태

수박카빙 5

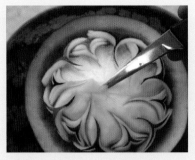

10 안쪽을 비스듬히 자른다.

11 잘려진 부분을 제거한다.

12 조각칼을 이용해 꽃잎 사이에 둥글게 그린다.

13 안쪽을 제거한 상태

14 U형도를 이용해 사진과 같이 모양을 만든다.

15 비스듬히 안쪽을 자른다.

16 잘려진 부분을 제거한다.

17 U형도를 이용해 사진과 같이 모양을 만든다.

18 잘라내기를 반복하여 사진과 같이 만든다.

19 꽃잎을 한 잎 만든다.

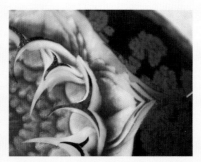

20 3겹 꽃잎을 만든다.

21 돌아가면서 3겹의 꽃잎을 만든다.

22 꽃잎 사이에 여러 겹의 꽃잎을 만든다.

23 꽃잎의 끝부분은 사진과 같이 자른다.

24 사방을 돌아가며 사진과 같이 만든다.

25 도려낸 부분을 사진과 같이 무늬를 만든다.

26 완성된 상태

수박카빙 6

01 수박 껍질을 얇게 벗긴다.

02 벗긴 부분에 조각칼을 세워 원형으로 그린다.

03 바깥부분을 도려낸다.

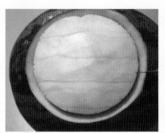

04 원형 안쪽을 일정한 간격으로 표시한다.

05 일정한 간격으로 곡선을 그리며 자른다.

06 안쪽으로 곡선을 그리며 선을 만든다.

07 선과 선 사이를 비스듬히 자른다.

08 한 바퀴 완성된 상태

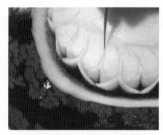

09 같은 방법으로 꽃잎을 그린다.

10 옆부분을 비스듬히 도려낸다.

11 2겹으로 만든다.

12 조금 길게 안쪽으로 모아지는 선을 가늘게 그린다.

수박카빙 6

13 선이 그려진 상태

14 칼을 눕혀서 비스듬히 자른다.

15 잘라낸 상태

16 조각칼로 그려진 부분 밑으로 잘라낸다.

17 조각칼을 이용해 가운데로 모아지게 그린다.

18 17이 한 바퀴 돌려진 상태

19 조각칼을 눕혀서 자른다.

20 잘라낸 상태

21 조각칼을 세워서 가운데로 모아지게 만든다.

22 조각칼을 비스듬히 눕혀서 잘라내기를 반복한다.

23 붉은색 부분은 조직이 연하므로 잘려진 부분을 조심해서 그린다.

24 가운데 부분이 완성된 상태

25 옆부분을 둥글고 각이 없도록 손질한다.

26 조각칼을 세워서 돌려가면서 비스듬히 사선으로 자른다.

27 잘라진 부분의 뒤쪽을 비스듬히 눕혀서 잘라낸다.

28 만들기를 반복하며 이어나간다.

29 껍질부분이 일정하게 남아있게 손질한다.

30 마지막 부분은 마무리가 잘될 수 있도록 한다.

31 손질된 상태

32 일정한 간격으로 사진과 같이 모양을 만든다.

33 곡선부분을 따라 손질해 준다.

34 완성된 상태

35 완성된 상태

수박카빙 7

Watermelon carving

01 야채칼로 껍질을 벗긴다.

02 일정한 간격으로 표시해 둔다.

03 조각칼을 활용해 곡선으로 펼쳐
지게 그린다.

04 한쪽 부분을 일정한 간격으
로 비스듬히 자른다.

05 반대쪽 부분도 비스듬히 자른다.

06 잘라낸 상태

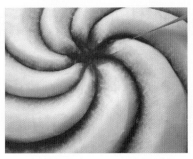

07 조각칼을 이용해 비스듬히 자른
다.

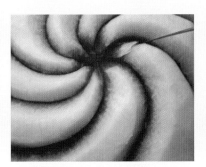

08 밑부분을 잘라낸다.

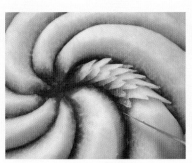

09 7, 8과 같은 방법으로 곡선을 그
리며 만들어나간다.

10 옆부분도 당기고 밀고 하면서 자른다.

11 선을 날카롭게 유지하며 만들어 나간다.

12 조각칼을 밀어준다.

13 조각칼을 당기면서 자른다.

14 동일한 곡선을 유지하며 만들어 나간다.

15 마지막 선을 손을 붙이지 않고 조심스럽게 만들어나간다.

16 옆부분을 잘라낸다.

17 옆부분을 사선으로 잘라낸다.

18 완성된 상태

Memo

수박카빙 8

01 원형을 그린다.

02 안부분을 자른다.

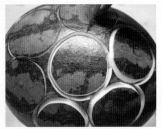

03 모든 부분의 안부분을 비스 듬히 손질한다.

04 둥글게 잘라낸 상태

05 한쪽 부분을 사진과 같이 잘라낸다.

06 칼을 눕혀서 비스듬히 잘라 낸다.

07 옆부분을 잘라서 제거한다.

08 4개가 나올 수 있도록 일 정한 비율로 옆부분을 자 른다.

09 세 번째 부분을 만든다.

10 네 부분이 만들어진 상태

11 꽃잎 사이에 꽃잎모양을 만든다.

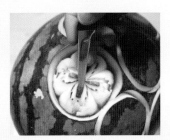

12 칼을 비스듬히 눕혀서 잘라 낸다.

13 사진과 같이 가운데로 모아지게 하며 잘라낸다.

14 조각칼을 눕혀서 비스듬히 자른다.

15 잘라진 부분을 제거한다.

16 안쪽을 가운데로 모아지게 자른다.

17 잘라낸 부분을 제거한다.

18 가운데로 모아지게 그린다.

19 조각칼을 비스듬히 눕혀서 자른다.

20 꽃이 1개 완성된 상태

21 꽃이 2개 완성된 상태

22 꽃이 3개 완성된 상태

23 꽃이 4개 완성된 상태

24 꽃이 5개 완성된 상태

25 꽃이 6개 완성된 상태

26 꽃이 7개 완성된 상태

27 꽃의 사이사이에 봉오리모 양을 만든다.

28 조각칼을 잡고 둥글게 잘라준다.

29 V형도를 활용해 끝부분을 찍는다.

30 조각칼을 잡고 돌려 깍아낸 다.

31 잘려진 부분을 제거한다.

32 완성된 상태

수박카빙 9

01 수박껍질을 잘라낸다.

02 둥글게 봉오리모양을 크게 만든다.

03 일정한 간격으로 둥글게 파 낸다.

04 꽃잎을 일정한 간격을 두 고 그린다.

05 옆부분을 잘라서 한 바퀴 만들어진 상태

06 사진과 같은 형태로 한 겹 더 만든다.

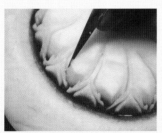
07 꽃잎 사이를 자른다.

08 꽃잎 사이사이를 조각칼로 그린다.

09 조각칼을 비스듬히 눕혀서 옆부분을 자른다.

10 잘라낸 상태

11 얇은 조각칼을 돌려가면서 당기고 밀기를 반복하여 자른다.

12 조금 단단한 조각칼을 이용 하여 밑부분을 비스듬히 자 른다.

수박카빙 9

13 11과 같은 방법으로 반복하여 자른다.

14 조각칼을 눕혀서 비스듬히 잘라낸다.

15 가운데 부분까지 11과 같은 방법으로 자른다.

16 바깥부분을 곡선을 그리면서 자른다.

17 잘라진 부분을 제거한다.

18 큰 원을 그리며 조각칼을 세워 자른다.

19 밑에서부터 비스듬히 곡선을 그리며 자른다.

20 둥근 부분을 비스듬히 자른다.

21 잘려진 부분을 빼낸다.

22 조각칼을 이용해 끝부분을 뾰족이 남기며 자른다.

23 밑부분을 잘라낸다.

24 손질된 상태

25 수박껍질을 이용해서 잎모
    양을 만든다.

26 1개가 만들어진 상태

27 여러 개를 만든다.

28 옆부분에 끼운다.

29 완성된 상태

수박카빙 10

W a t e r m e l o n carving

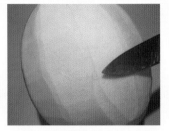

01 수박껍질을 벗긴다.

02 몰더를 살살 돌려서 가운데 홈을 만든다.

03 안쪽과 바깥쪽을 잘라낸다.

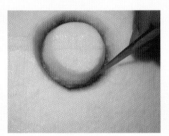

04 얇게 한 겹 비켜서 자른다.

05 4의 잘려진 부분을 제거한다.

06 조각칼을 밀고 당기며 봉오리를 만든다.

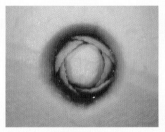

07 한 바퀴 만들어진 상태

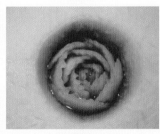

08 봉오리 하나가 완성된 상태

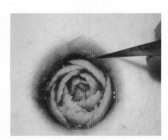

09 옆부분을 비스듬히 둥글게 잘라낸다.

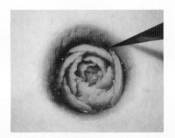

10 조각칼을 밀고 당기기를 반복하여 꽃잎을 만든다.

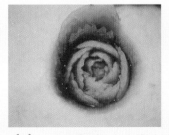

11 뒷부분을 잘라서 제거한다.

12 꽃잎을 살짝 겹치게 하면서 돌아가며 만든다.

수박카빙 10

13 한 바퀴 만들어진 상태

14 곡선을 두 번 그리면서 그린다.

15 조각칼을 밀고 당기며 꽃잎을 만든다.

16 뒷부분을 잘라낸다.

17 꽃잎을 걸쳐지게 하며 만들어나간다.

18 두 바퀴 만들어진 상태

19 꽃의 옆부분에 살짝 걸쳐지게 봉오리모양을 만든다.

20 안쪽에 봉오리모양을 만든다.

21 봉오리모양이 하나 만들어진 상태

22 꽃잎을 한 잎씩 만든다.

23 꽃이 2개 만들어진 상태

24 꽃과 꽃 사이에 봉오리모양을 만든다.

25 세 번째 봉오리가 만들어진 상태

26 꽃이 3개 만들어진 상태

27 같은 방법으로 꽃을 만들어 나간다.

28 꽃의 옆부분을 비스듬히 둥글게 파낸다.

29 줄기모양을 하나 만든다.

30 사진과 같이 여러 개 겹쳐서 줄기모양을 만든다.

31 줄기와 꽃모양이 겹쳐지게 해서 꽃봉오리를 만든다.

32 꽃과 줄기모양이 겹쳐지게 여러 개 만든다.

33 조각한 주위에 돌아가며 무늬를 넣는다.

34 완성된 상태

수박카빙 11

01 껍질부분을 벗긴다.

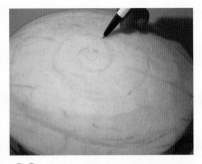

02 펜을 이용해 회오리모양을 표시
한다.

03 조각칼을 이용해 표시한 부분을
자른다.

04 한쪽 부분을 돌아가며 자른다.

05 반대쪽 부분도 잘라서 둥그스름
하게 만든다.

06 밖으로 펼쳐지게 곡선을 그리며
자른다.

07 조각칼을 밀고 당기며 곡선으로
점점 길어지게 만든다.

08 끝부분은 손목을 뒤집어서 둥그
스름하게 곡선을 그린다.

09 7, 8로 만든 부분의 밑부분을 비
스듬히 잘라낸다.

수박카빙 11

10 비스듬히 칼을 눕혀서 자른다.

11 당기고 밀기를 반복하여 자른다.

12 잘려진 부분의 밑부분을 비스듬히 자른다.

13 곡선을 유지할 수 있게 점점 길어지게 만든다.

14 곡선을 모두가 동일한 패턴이 될 수 있도록 노력한다.

15 수박이 둥글기 때문에 끝부분은 폭이 좁게 만든다.

16 끝부분은 곡선을 유지하면서 폭이 좁게 마무리한다.

17 옆부분을 일정한 간격으로 약간 잘라 표시한다.

18 조각칼을 이용해 곡선을 그리면서 자른다.

19 완성된 상태

수박카빙 12

01 둥글게 원형을 그리며 자른다(깨질 수 있으므로 둘레에 스카치 테이프를 붙이고 카빙한다).

02 둥근 부분의 안쪽과 바깥쪽을 비스듬히 자른다.

03 조각칼을 이용해 일정한 간격으로 표시한다.

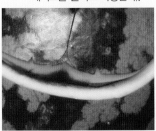

04 사진과 같이 꽃잎 모양을 만든다.

05 그려진 옆부분을 비스듬히 잘라낸다.

06 한 바퀴 만들어진 상태

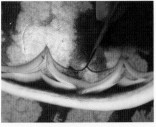

07 꽃잎과 꽃잎 사이에 곡선으로 비스듬히 자른다.

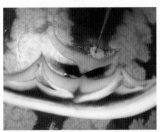

08 잘라진 부분을 제거한다.

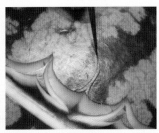

09 조각칼을 이용해 사진과 같이 자른다.

10 잘라진 옆부분을 제거한다.

11 한 바퀴 만들어진 상태

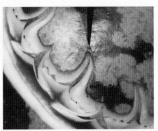

12 사진과 같이 껍질을 이용하며 그린다.

13 조각칼을 눕혀서 비스듬히 잘라낸다.

14 껍질부분을 제거한 상태

15 조각칼을 이용해 사진과 같이 그린다.

16 한 바퀴 모두 그려진 상태

17 조각칼을 눕혀서 밑부분을 비스듬히 잘라낸다.

18 한 바퀴 잘라낸 상태

19 조각칼을 이용해 밀고 당기며 사이사이를 돌아가며 자른다.

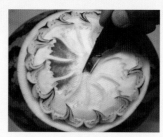

20 조각칼을 눕혀서 밑부분을 잘라낸다.

21 밑부분을 잘라낸 상태

22 목이 둥근 조각칼을 이용해 돌아가며 지그재그로 자른다.

23 밑부분을 잘라낸다.

24 같은 방법을 반복하여 가운데부분을 만든다.

25 가운데로 모아지게 안부분을 손질한다.

26 옆부분은 곡선을 그리며 자른다.

27 잘려진 부분은 제거한다.

28 잘라낸 부분을 조각칼을 밀고 당기며 잘라서 모양을 만든다.

29 모양낸 밑부분을 자른다.

30 끝부분을 손질한다.

31 사진과 같이 한 겹이 더 겹쳐지게 만든다.

32 완성된 상태

01 껍질부분을 벗긴다.

02 지름 4cm 몰더를 이용해 돌려 가면서 자른다.

03 봉오리부분을 다섯 부분으로 나 눈다.

04 곡환도를 이용한다.

05 곡환도를 이용해 꽃잎에 무늬를 만든다.

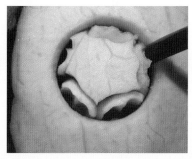

06 5개 잎 모두 무늬를 만든다.

07 조각칼을 이용해 안쪽부분을 손 질한다.

08 한쪽 부분을 곡선으로 비스듬하 게 얇게 자른다.

09 뒷부분을 비스듬히 잘라낸다.

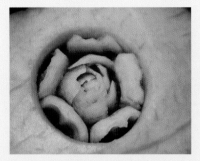

10 봉오리모양이 완성된 상태

11 바깥부분을 다섯 부분으로 나눈다.

12 곡환도를 이용해 바깥부분도 무늬를 만들어 준다.

13 일정한 간격을 두고 몰더를 이용해 봉오리모양을 만든다.

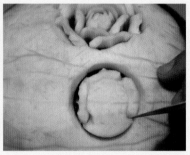

14 동일한 방법으로 봉오리 안쪽을 만들어 준다.

15 곡환도를 이용한다.

16 조각칼을 이용해 봉오리모양을 만든다.

17 꽃과 꽃이 붙어 있게 보이도록 꽃잎 크기를 조절한다.

18 조각칼과 곡환도를 이용해 꽃잎 모양을 만든다.

19 세 번째 꽃도 적절한 범위를 유지해서 만든다.

20 세 번째 봉오리를 만든다.

21 꽃이 붙어 있게 보이도록 꽃잎의 크기를 조절한다.

22 세 번째 꽃을 완성한다.

23 꽃의 옆부분을 곡선을 그리며 손질한다.

24 일정한 간격으로 사진과 같이 무늬를 만든다.

25 무늬를 만든 밑부분을 자른다.

26 잘라진 부분을 제거한다.

27 완성된 상태

수박카빙 14

01 껍질을 벗긴다.

02 한쪽 부분에 4cm 몰더를 이용해 봉오리모양을 만든 다.

03 안부분을 비스듬히 둥글게 자른다.

04 곡선을 그리며 비스듬히 자른다.

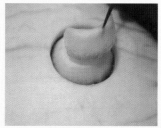

05 잘라진 부분은 제거한다.

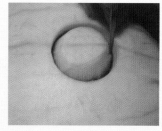

06 얇게 꽃잎을 하나 만든다.

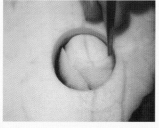

07 잘라진 뒷부분을 비스듬히 자른다.

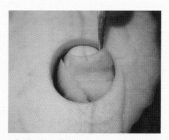

08 잘라진 부분을 제거한다.

09 동일한 방법으로 만들어나 간다.

10 안쪽도 동일한 방법으로 만든다.

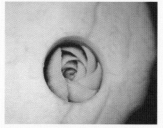

11 봉오리모양이 만들어진 상 태

12 꽃잎은 한쪽으로 조금 더 길게 사진과 같이 만든다.

13 조각칼을 이용해 꽃잎의 안쪽과 바깥쪽을 손질한다.

14 꽃잎 뒤쪽에 손질한 부분을 제거한다.

15 5개의 꽃잎이 완성된 상태

16 일정한 간격을 두고 봉오리를 만든다.

17 간격을 두고 만들어진 상태

18 꽃 2개가 만들어진 상태

19 일정한 간격을 두고 세 번째 꽃을 만든다.

20 꽃 3개가 만들어진 상태

21 꽃 4개가 만들어진 상태

22 껍질부분을 손질하여 줄기모양을 만든다.

23 꽃 사이에 끼운다.

24 곡선을 그리며 옆부분을 자른다.

25 잘려진 부분은 제거한다.

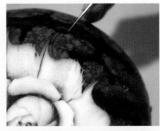

26 옆부분을 2겹으로 만든다.

27 잘라진 부분을 제거한다.

28 한 바퀴 돌아가며 조각한다.

29 완성된 상태

수박카빙 15

01 조각칼을 이용해 둥글게 만
든다(깨질 수 있으므로 주위
에 스카치테이프를 붙인다).

02 조각칼을 이용해 안쪽과
바깥쪽 부분을 자른다.

03 잘라진 상태

04 일정한 간격으로 표시한
다.

05 사진과 같이 꽃잎을 만들
고 밑부분을 잘라낸다.

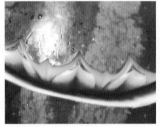

06 일정한 간격으로 꽃잎을 만
든다.

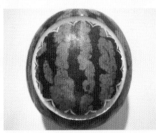

07 한 바퀴 만들어진 상태

08 사진과 같이 약간 곡선을
그리며 자른다.

09 한 바퀴 만들어진 상태

10 조각칼을 이용해 한쪽부
분을 사선으로 비스듬히
자른다.

11 돌아가며 곡선을 그리며
잘라낸다.

12 한 바퀴 만들어진 상태

13 목이 둥근 조각칼로 밀고 당기며 껍질부분을 조금 남기고 잘라나간다.

14 곡선을 그리며 가운데로 모아지게 그린다.

15 사선으로 곡선을 그리며 자른다.

16 한 바퀴 잘라낸 상태

17 조각칼을 눕혀서 비스듬히 자른다.

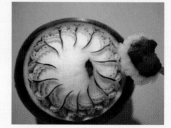

18 잘려진 부분을 제거한다.

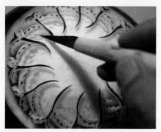

19 목이 둥근 조각칼을 이용해 당기고 밀기를 반복해 둥글게 자른다.

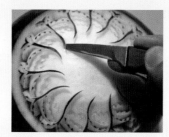

20 조각칼을 눕혀서 잘려진 밑부분을 제거한다.

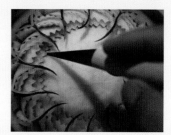

21 가운데로 모아지게 밀고 당기기를 반복하여 자른다.

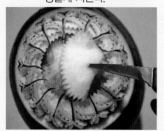

22 밑부분을 잘라서 잘려진 부분을 제거한다.

23 붉은색 부분이 일정하게 보이도록 잘라낸다.

24 붉은색 부분이 잘 보이지 않으므로 조각칼을 돌려가며 자른다.

25 조각칼을 눕혀서 잘려진
    밑부분을 잘라낸다.

26 가운데까지 같은 방법을 반
    복한다.

27 가운데부분이 완성된 상태

28 조각칼을 이용해 옆부분을
    일정한 간격으로 자른다.

29 밑부분을 잘라서 잘려진 부
    분은 제거한다.

30 한 바퀴 만들어진 상태

31 2겹으로 만들어 준다.

32 2겹으로 만들어진 상태

33 줄기부분을 사진과 같이
    여러 개 만든다.

34 푸른색 부분을 조금 더 제
    거한다.

35 만들어진 줄기부분을 사진
    과 같이 비스듬히 끼운다.

36 완성된 상태

수박카빙 16

Watermelon carving

01 조각칼을 이용해 큰 원형을 그린다.

02 안쪽과 바깥쪽을 비스듬히 자른다.

03 조각칼을 잡고 원형 안쪽을 깎아낸다.

04 일정한 간격의 안쪽을 사진과 같이 곡선으로 잘라낸다.

05 꽃잎을 하나 만들고 뒷부분을 잘라낸다.

06 한 바퀴 돌려서 모양낸 상태

07 목이 둥근 조각칼을 이용하여 사진과 같이 안쪽으로 모아지게 만든다.

08 모양낸 부분의 옆부분을 자른다.

09 한 바퀴를 같은 방법으로 만든다.

10 모양낸 부분의 사이를 곡선으로 두 번 정도 손질하여 잘라낸다.

11 꽃잎 사이사이에 사진과 같은 모양을 만든다.

12 옆부분을 비스듬히 자른다.

13 목이 둥근 조각칼을 이용해서 밀고 당기기를 반복하여 자른다.

14 한 바퀴를 돌아가며 만든다.

15 옆부분을 더 큰 원을 그리며 둥글게 자른다.

16 안부분의 둘레를 잘라주어 파란색이 가운데에 있는 둥근 띠를 만든다.

17 조각칼을 당기고 밀기를 반복하여 길쭉하게 늘려가며 잘라낸다.

18 잘려진 부분의 밑부분을 조각칼을 눕혀서 잘라낸다.

19 일정한 간격을 유지하며 잘라나간다.

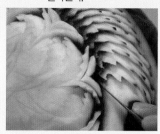

20 조각칼을 당기며

21 조각칼을 밀어주고

22 조각칼을 당겨주기를 반복한다.

23 마지막 부분이 자연스럽게 연결될 수 있도록 자른다.

24 한 바퀴 손질한 상태

25 16의 옆부분을 조각칼을 눕혀서 잘라낸다.

26 목이 둥근 칼을 이용해 당기고 밀기를 반복하며 가운데로 모아지게 자른다.

27 조각칼을 눕혀서 비스듬히 밑부분을 자른다.

28 목이 둥근 칼을 이용해 당기고 밀기를 반복하며 가운데로 모아지게 자른다.

29 조각칼을 눕혀서 비스듬히 밑부분을 자른다.

30 붉은색 부분은 잘 보이지 않으므로 조심히 잘라낸다.

31 단단한 조각칼로 밑부분을 자른다.

32 가운데까지 조각칼을 이용해 손질한다.

33 옆부분을 둥글고 깊게 파낸다.

34 껍질을 사진과 같이 여러 개 만든다.

35 34에서 만든 껍질을 수박 주위에 돌아가며 끼운다.

36 완성된 상태

수박카빙 17

Watermelon carving

01 몰더를 이용해 둥근 부분을 표시한다(둘레에 스카치테이프 를 붙이면 깨지지 않는다).

02 조각칼을 이용해 둥글게 자른다.

03 안부분을 둥글게 잘라서 제 거한다.

04 바깥부분도 둥글게 잘라 낸다.

05 조각칼을 이용해 일정한 간격으로 표시한다.

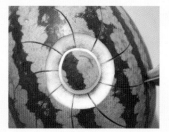

06 사진과 같이 곡선을 그리며 조각칼로 일정한 두께로 자 른다.

07 가운데로 모아지게 자른다 (붉은색을 원할 경우 이 부 분을 잘라낸다).

08 사진과 같이 한쪽 부분을 곡선으로 자른다.

09 한쪽 방향으로 곡선을 그리 며 자른다.

10 푸른색 부분을 조금 이용 하여 사진과 같이 자른다.

11 잘라낸 뒷부분을 약간 비 스듬히 자른다.

12 잘라낸 부분을 제거한다.

수박카빙 17

13 조각칼을 이용해 안쪽으로 모아지게 그린다.

14 잘라낸 부분을 제거한다.

15 사진과 같이 곡선을 그리며 자른다.

16 잘라낸 뒷부분을 자른다.

17 잘라낸 부분을 제거한다.

18 사진과 같이 곡선을 그리다가 푸른색 부분을 당기고 밀기를 반복하여 자른다.

19 자른 부분의 뒤쪽을 비스듬히 자른다.

20 잘라낸 부분은 제거한다.

21 같은 방법을 반복하여 만들어 나간다.

22 조각칼을 당기고

23 밀고 당기기를 반복하여 자른다.

24 모양을 낸 상태

25 봉오리부분을 제거하기도 한다.

26 가운데 부분으로 모아지게 자른다.

27 한쪽 부분으로 돌아가며 곡선으로 자른다.

28 잘라낸 상태

29 곡선을 그리며 한 번 더 잘라낸다.

30 모서리부분을 제거한다.

31 껍질부분을 사진과 같이 여러 개 손질한다.

32 손질한 껍질을 모서리 부분에 끼운다.

33 완성된 상태

수박카빙 18

01 사진과 같이 비스듬히 원형 모양을 만든다.

02 조각칼을 이용해서 8부분으로 원형 형태를 만든다.

03 곡선을 그리며 사진과 같이 모양을 만든다.

04 곡선으로 모양이 만들어진 상태

05 4의 모양낸 사이사이를 사진과 같은 모양으로 만든다.

06 5가 한 바퀴 만들어진 상태

07 껍질모양을 이용해서 선을 만든다.

08 모양낸 주변의 껍질을 일정하게 벗긴다.

09 일정하게 벗겨낸 상태

10 몰더를 이용해 봉오리모양을 만든다.

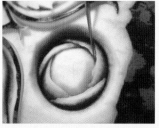

11 봉오리모양을 한줄 만든다.

12 한 바퀴 만들어진 상태

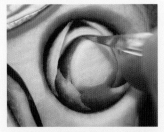

13 봉오리 안쪽은 붉은색이 보이게 조각한다.

14 봉오리 하나가 완성된 상태

15 봉오리 모양을 한 바퀴 만들어 준다.

16 꽃잎을 만들 수 있게 한 쪽을 둥글게 자른다.

17 잘려진 부분은 제거한다.

18 톱니모양을 만들면서 자른다.

19 잘라낸 부분의 뒤쪽을 조각칼을 넣어서 자른다.

20 잘라낸 부분을 제거한다.

21 주위에 돌아가면서 봉오리 모양을 만든다.

22 한 바퀴 봉오리모양이 만들어진 상태

23 푸른색 껍질부분을 조금씩 활용하여 꽃잎을 만든다.

24 만들어낸 뒷부분을 제거한다.

25 공간이 된다면 사진과 같은 꽃잎을 하나 더 만든다.

26 꽃 주변을 비스듬히 잘라 낸다.

27 사선으로 칼집을 넣어준다.

28 줄기모양을 만들어 주위 에 끼운다.

29 완성된 상태

30 줄기모양을 많이 끼워서 완 성된 상태

01 봉오리를 만들 수 있을 정
도만 도려낸다.

02 몰더로 봉오리모양을 만든
다.

03 안부분을 비스듬히 잘라낸
다.

04 바깥부분도 비스듬히 자
른다.

05 잘라낸 부분을 제거한다.

06 꽃잎 하나를 그리고 뒷부분
을 제거한다.

07 일정한 간격으로 돌아가며
꽃잎을 만든다.

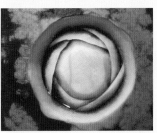

08 5개의 잎이 만들어진 상태

09 조각칼을 이용해서 얇게 꽃
잎을 만들어 들어간다.

10 봉오리가 하나 완성된 상
태

11 봉오리 옆부분을 둥글게
자른다.

12 잘라낸 부분을 제거한다.

13 꽃잎을 그리고 뒷부분을 자른다.

14 잘라낸 부분을 제거한다.

15 꽃잎이 겹쳐지게 해서 파낸다.

16 한 바퀴 만들어진 상태

17 뒷부분을 조금 더 크고 둥글게 자른다.

18 잘라낸 부분을 제거한다.

19 마지막 다섯 번째 잎은 네 번째와 첫 번째가 겹쳐지게 해서 자른다.

20 꽃이 만들어진 상태

21 펜을 이용해 하트모양을 표시한다.

22 하트모양 안쪽을 비스듬히 자른다.

23 잘라낸 부분을 제거한다.

24 조각칼을 이용해서 밀고 당기며 껍질부분을 조금 남기고 자른다.

25 조각칼을 움켜잡고 밑부분을 비스듬히 자른다.

26 잘려진 부분을 제거한다.

27 하트모양 위쪽을 일정하고 둥글게 파낸다.

28 줄기모양을 만들고 끝부분을 잘게 잘라준다.

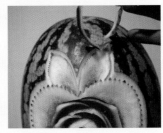

29 잘려진 옆부분을 제거한다.

30 안쪽에 줄기 무늬를 만든다.

31 줄기모양을 양쪽이 동일하게 되도록 만든다.

32 모양낸 부분의 둘레를 비스듬히 자른다.

33 잘려진 부분을 제거한다.

34 사진과 같이 가운데로 모아지게 자른다.

35 완성된 상태

수박카빙 20

01 준비물

02 깨지는 것을 방지하기 위해 스카치테이프를 주위에 붙인다.

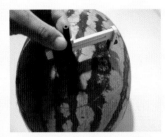

03 수박에 원형을 그린다.

04 조각칼을 이용해 안쪽과 바깥쪽을 자른다.

05 잘라낸 부분을 제거한다.

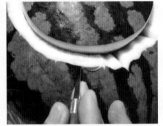

06 곡선을 그리며 꽃모양을 만든다.

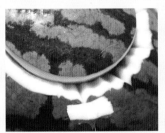

07 잘라낸 부분은 제거한다.

08 한 바퀴 잘라낸 상태

09 꽃잎과 꽃잎 사이를 조각칼을 이용해 사진과 같이 만든다.

10 일정한 간격을 유지하도록 한다.

11 잘라낸 부분은 제거한다.

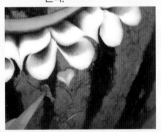

12 모양낸 가운데에 하트모양을 만든다.

수박카빙 20

13 한 바퀴 돌려서 만든 상태

14 사진과 같은 방향으로 비스
   듬히 잘라낸다.

15 한 바퀴 돌려낸 상태

16 사진과 같이 모양내서
   만든다.

17 모양낸 테두리를 돌아가면
   서 전체적으로 잘라낸다.

18 안부분을 비스듬히 자른다.

19 잘라낸 부분을 제거한다.

20 사진과 같이 얇게 안쪽을
   얇게 돌려서 잘라낸다.

21 원형을 그리면서 잘라낸다.

22 양쪽을 동일하게 자른다.

23 하트모양을 만든다.

24 조각칼을 돌려서 잘라낸다.

25 껍질부분이 끝부분에 남도록 자른다.

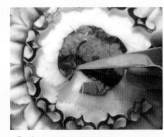

26 밑부분을 자른다.

27 한 바퀴 잘라낸 상태

28 목이 둥근 조각칼을 이용해 밑부분을 자른다.

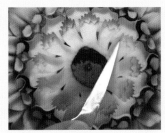

29 단단한 조각칼을 이용해서 비스듬히 밑부분을 자른다.

30 붉은색 부분은 특히 신경써서 밀고 당기기를 반복하여 잘라낸다.

31 조각칼을 눕혀서 안쪽까지 마무리한다.

32 봉오리모양이 완성된 상태

33 완성된 상태

수박카빙 21

01 준비물

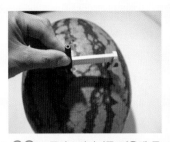

02 콤파스커터기를 이용해 둥근 원형을 그린다.

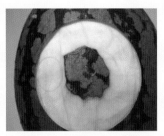

03 원형 안쪽을 둥글게 벗긴다.

04 원형 몰더를 이용해 꽃봉오리를 그린다.

05 봉오리 안쪽을 비스듬히 잘라낸다.

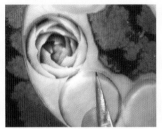

06 봉오리를 하나씩 만들어나 간다.

07 봉오리 잎은 얇게 만든다.

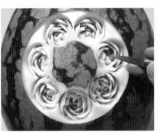

08 안부분은 많이 잘라서 안쪽으로 들어가 보이게 만든다.

09 한 바퀴 만들어진 상태

10 꽃 하나에 두 번의 곡선을 만든다.

11 안쪽으로 모아지는 화살표 모양을 그린다.

12 화살표 옆부분을 잘라준다.

13 화살표 사이는 오목하게 될 수 있도록 자른다.

14 잘라진 부분을 꺼낸다.

15 봉오리 옆부분을 잘라서 꺼낸다.

16 원형 부분을 비스듬히 자른다.

17 사진과 같이 한쪽 부분을 조금 길게 하여 곡선을 그리며 만든다.

18 한 바퀴 만들어진 상태

19 조각칼을 이용해 곡선을 그리며 조금 크게 그린다.

20 조각칼을 밀고 당기며 사진과 같이 그린다.

21 잘려진 부분을 제거한다.

22 한 바퀴 돌려진 상태

23 잘라진 밑부분을 비스듬히 자른다.

24 사진과 같이 비슷한 비율이 되게 그린다.

25 사진과 같이 자르고 제거
한다.

26 동일한 방법으로 7회 정도
만든다.

27 조각칼을 눕혀서 곡선을
그리며 만든다.

28 한 바퀴 만들어진 상태

29 옆부분을 비스듬히 잘라낸
다.

30 모양낸 사이사이에 사진과
같은 무늬를 만든다.

31 사진과 같은 형태로 모양
을 그리고 자른다.

32 잘라낸 부분을 제거한다.

33 안부분을 둥글게 도려낸
다.

34 끝부분은 곡선을 그리며
뾰족하게 만든다.

35 옆부분을 비스듬히 자른다.

36 완성된 상태

수박카빙 22

01 준비물

02 펜을 이용해 전체적인 윤곽을 표시한다.

03 표시된 부분을 조각칼로 자른다 (자를 때 갈라질 수 있으므로 옆부분에 스카치테이프를 부착한다).

04 조각칼을 잡고 안부분을 비스듬히 도려낸다.

05 안부분의 모서리를 비스듬히 자른다.

06 전체적인 육곽선을 그린다.

07 조각칼로 머리부터 손질한다.

08 최대한 곡선을 만들며 자른다.

09 머리부분을 그린다.

10 전체적인 윤곽을 그리고 나머지는 조금씩 깎아내서 형태를 만든다.

11 모양낸 주변은 정사각형으로 자른다.

12 정사각형을 조각칼을 돌려가며 뾰족하게 만든다.

13 조각칼을 이용해 무늬를 만든다.

14 V형도로 위와 아래쪽에 무늬를 만든다.

15 일정한 간격으로 원형을 만든다.

16 원형을 사진과 같이 곡선으로 연결한다.

17 사진과 같이 만든다.

18 일정한 간격을 두고 봉오리 모양을 만든다.

19 봉오리모양을 하나씩 만든다.

20 껍질부분이 남게 꽃모양을 만든다.

21 돌아가면서 꽃모양을 만든다.

22 안쪽부터 시작하여 꽃모양 주변에 무늬를 만든다.

23 사진과 같이 부분이 나눠지게 자른다.

24 잘라진 부분을 제거한다.

25 사진과 같은 형태로 무늬를
만든다.

26 바깥부분도 무늬를 만든다.

27 붉은색 부분에 허브 꽃줄기
를 만든다.

28 완성된 상태

수박카빙 23

W a t e r m e l o n carving

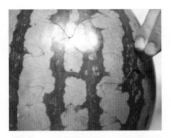

01 수박을 얇은 조각칼을 이용하여 세밀하게 6등분 곡선으로 그린다.

02 줄을 따라 그려서 두 줄을 완성한다.

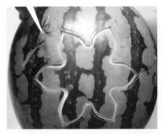

03 안부분을 도려내서 제거한다.

04 사진과 같이 안으로 모아지게 무늬를 만든다.

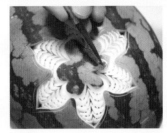

05 자른 부분은 제거한다.

06 안부분은 조각칼을 눕혀서 비스듬히 깍아낸다.

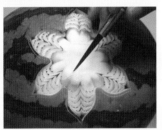

07 사진과 같이 무늬를 만들고 제거한다.

08 가운데로 모아지게 무늬를 만든다.

09 붉은색 부분이 보이도록 안쪽을 조각한다.

10 무늬 안부분이 만들어진 상태

11 바깥부분에 무늬를 만든다.

12 무늬를 만든 밑쪽은 제거한다.

13 한 바퀴 만들어진 상태

14 껍질부분을 제거하고 무늬를 만든다.

15 돌아가며 무늬를 만든다.

16 밑부분을 잘라서 제거한다.

17 한 바퀴 돌아가며 조각한다.

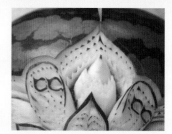

18 껍질부분을 이용해 무늬를 만든다.

19 잘라진 부분을 제거한다.

20 무늬 사이에 꽃잎무늬를 만든다.

21 무늬 뒤쪽을 둥글게 제거한다.

22 사진과 같이 무늬를 만든다.

23 무늬를 만들고 안부분을 제거한다.

24 껍질부분에 하트무늬를 만든다.

Watermelon carving

25 완성된 상태

수박카빙 24

01 준비물

02 나비문양 프린트한 것을 스카치테이프를 이용해 붙인다.

03 무늬를 안쪽에서부터 새긴다.

04 나비문양이 새겨진 상태

05 붙였던 부분을 벗겨낸다.

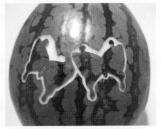

06 조각칼을 이용해 나비문양 주변을 자른다.

07 원형 몰더를 이용해 봉오리모양을 만든다.

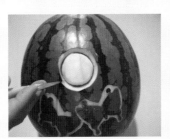

08 안쪽과 바깥쪽을 도려낸다.

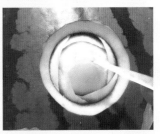

09 봉오리모양을 만들어간다.

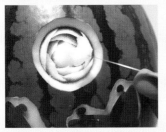

10 잘라진 부분은 제거한다.

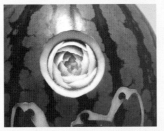

11 봉오리모양이 하나 만들어진 상태

12 봉오리 주변을 꽃잎이 겹쳐지게 하면서 만든다.

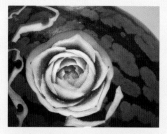

13 꽃잎이 한 바퀴 만들어진 상태

14 꽃잎과 꽃잎 사이에 조금 더 큰 꽃잎을 그린다.

15 잘려진 부분은 제거한다.

16 꽃이 완성된 상태

17 나비문양의 양쪽 밑을 세밀하게 자른다.

18 나비문양 밑으로 둥글고 길게 파낸다.

19 줄기모양을 그리고 옆부분을 비스듬히 자른다.

20 꽃과 걸쳐지게 해서 봉오리모양을 그린다.

21 봉오리 모양을 만든다.

22 나비문양을 살짝 들어가면서 꽃모양을 만든다.

23 나비 주변에 꽃이 많이 보일 수 있도록 만들어나간다.

24 꽃의 주변에 줄기모양도 조각한다.

25 반대쪽 나비문양의 밑부분
도 조심히 조각한다.

26 꽃과 줄기모양을 만들어나
간다.

27 조각칼을 이용해 옆부분을
돌아가며 자른다.

28 뒷부분을 잘라서 제거한
다.

29 요지를 이용해 나비날개의
밑부분을 살짝 들어준다.

30 완성된 상태

수박카빙 25

01 펜을 이용해 밑그림을 스케치한다.

02 스케치한 부분을 조각칼을 이용해 새긴다.

03 여자 머리부분은 최대한 곡선으로 만들어나간다.

04 하트모양이 남아 있게 주변을 손질한다.

05 조각칼을 이용해 울퉁불퉁한 부분을 손질한다.

06 스카치테이프를 이용해 이니셜을 밑부분에 붙인다.

07 얇은 조각칼을 이용해 이니셜을 수박에 새긴다.

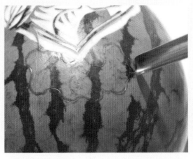

08 U형도를 이용해 이니셜 주변을 자른다.

09 이니셜만 남기고 주변을 잘라낸다.

10 사람 얼굴과 이니셜이 새겨진 상태

11 하트모양 주변을 손질한다.

12 하트모양 주변을 손질한다.

13 하트모양이 될 수 있도록 남자 쪽 부분을 손질한다.

14 여자쪽 부분을 손질한다.

15 윗부분에 꽃모양을 만든다.

16 톱니모양을 하트모양 주변에 만든다.

17 밑부분을 잘라서 제거한다.

18 꽃 주변에 잎모양을 만든다.

19 밑부분 두 곳에 꽃과 잎을 그린다.

20 잎모양이 밑으로 흘러내리게 자연
스럽게 만든다.

21 모양낸 주변을 자른다.

22 밑부분을 잘라서 잘라진 부분을
제거한다.

23 완성된 상태

수박카빙 26

01 준비물

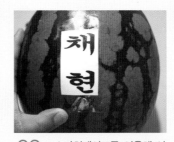

02 스카치테이프를 이용해 이름을 붙인다.

03 얇은 조각칼을 이용해 이름을 새긴다.

04 이름이 새겨진 상태

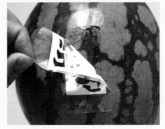

05 제거한다.

06 U형도를 이용해 원형을 만든다.

07 원형 안쪽에 꽃모양을 만든다.

08 4군데 일정하게 원형을 만든다.

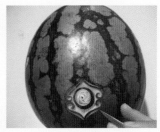

09 원형 꽃 주변에 문양을 만든다.

10 4군데 모두 문양을 만든다.

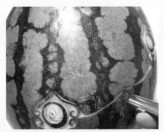

11 U형도와 조각칼을 이용해 문양을 연결시킨다.

12 조각칼을 이용해 톱니모양을 만든다.

수박카빙 26

13 사진과 같이 문양을 마무리한다.

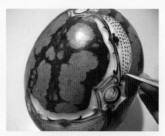

14 **13**과 같은 방법으로 문양을 연결시킨다.

15 4개의 문양이 연결된 상태

16 안부분을 벗긴다.

17 조각칼을 이용해 이름만 남기고 손질한다.

18 이름만 남은 상태

19 주변에 붉은색이 보이게 비스듬히 자른다.

20 조각칼로 백조모양을 그린다.

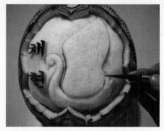

21 백조 주변을 잘라서 백조모양이 두드러지게 만든다.

22 주변에 붉은색이 보이게 제거한다.

23 백조모양을 손질한다.

24 백조 주변은 붉은색이 보이게 비스듬히 잘라낸다.

25 날개부분을 만들어간다.

26 백조의 날개모양을 만든다.

27 마지막 날개는 곡선으로 화려하게 그리고 비스듬히 자른다.

28 백조모양이 완성된 상태

29 몰더를 이용해 붉은색 달모양을 만든다.

30 안쪽을 잘라낸다.

31 여러 가지 문양을 넣고 마무리한다.

32 위, 아래에 하트모양의 문양을 만든다.

33 완성된 상태

식품조각지도사의 수박카빙

Watermelon
carving

참고문헌

- 정우석, 전문조리인을 위한 과일·야채조각 105가지, 백산출판사, 2008
- 정우석, 식품조각지도사, 도서출판 효일, 2014
- 김기진·정우석·김기철, 푸드카빙데코레이션마스터, 코스모스, 2012
- 김기진, 전문조리사를 위한 카빙 데코레이션 야채조각 과일조각, 2008
- 김현룡, 이준엽, 푸드아트(FOOD ART), 대왕사, 2007
- 황선필, 수박과일조각1, 토파민, 2005
- 황선필, 야채과일조각2, 토파민, 2006
- 홍진숙 외, 식품재료학, 교문사, 2012
- 김미리 외, 식품재료학, 파워북, 2011
- 이현세, 동물 드로잉1, 다섯수레, 2004
- 잭햄, 동물드로잉 해법, 송정문화사, 1995
- 스즈키 마리 지음, 이은정 옮김, 쉽게 배우는 귀여운 동물 드로잉, 한스미디어, 2012
- 유경민, 전문조리사를 위한 야채 및 과일조각, 디자인 국일, 2006
- 김은영 외 4인, 카빙 길라잡이, 가람북스, 2010
- 최송산, 식품조각, 도서출판 효일, 2007
- 최은선, 쉽게 배우는 식품조각 : 전문 레스토랑 특급 셰프의 식품조각 노하우 따라잡기, 도서출판 효일, 2012
- 陈洪波 编著, 综合食雕, 广东经济出版社, 2005
- 陳肇豐 · 周振文, 創意蔬果切雕盤飾, 暢文出版社, 2006
- 鄭汀基, 蔬果切雕與盤飾, 暢文出版社, 2007

저자
Profile

정우석

- 세계식품조각 명장 1호
- 호산대학교 호텔외식조리과 교수
- 영남대학교 식품학 박사
- 세계식의연구소 식문화연구원장
- 사)한국조리학회 학술이사
- 사)한국외식산업학회 이사
- 에스코퓌에 요리연구소 연구원
- 2008년 대한민국요리경연대회 금상 수상 외 다수 입상
- 2012년 대한민국 향토식문화대전 야채조각 라이브 대상 수상
- 2014년 경상북도교육청 조리교사 직무교육 담당교수
- 2014년 경상북도교육연수원 교원직무연수 담당교수

자격증

- 교원자격증[중등학교 정교사(2급) 조리]
- 식품조각지도사 마스터 · 한식 · 일식 · 양식 · 중식 · 복어조리기능사 · 외식조리관리사
- 리더십지도사 1급, 레크레이션지도사 1급, 웃음치료사 1급, 커피바리스타, 푸드카빙데코레이션마스터

저서

- 전문조리인을 위한 과일 · 야채조각 105가지
- 전문조리인을 위한 초밥의 기술 74가지
- 푸드카빙데코레이션 마스터
- 한국의 전통음식
- 일본요리 입문
- Basic 서양조리실무
- CARCING−식품조각지도사

식품조각지도사의 수박카빙

2015년 1월 10일 초판 1쇄 인쇄
2015년 1월 15일 초판 1쇄 발행

지은이 정우석
펴낸이 진욱상 · 진성원
펴낸곳 백산출판사
교 정 김호철
본문디자인 오정은
표지디자인 오정은

저자와의
합의하에
인지첩부
생략

등 록 1974년 1월 9일 제1-72호
주 소 서울시 성북구 정릉로 157(백산빌딩 4층)
전 화 02-914-1621/02-917-6240
팩 스 02-912-4438
이메일 editbsp@naver.com
홈페이지 www.ibaeksan.kr

ISBN 979-11-5763-018-9 (93590)
값 15,000원